犬がうまれる ©Kumogaumareru 2018

あしとてのパズル。

連れション

ぴたっ

めっちゃ滑る床

わんかくすい。

かまぼこ

オムツやねーん！

おかしいなぁ、
ねこが 見えるんだけど。

ギーギーしじゅうそう。

犬がうまれる

絵と言葉の犬あるある101
…あ、猫もちょっぴり

著　雲がうまれる

ワニ・プラス

はじめに

ツイッターに犬の絵を投稿しています。
犬は窓辺の段差で気持ちよさそうに眠る。そうかと思えば眠いのを我慢したり。原っぱに出かけたら誰かが忘れたボールを見つけて、湿った土に座りこむ。帰りは急に向きを変えて、そっちはイヤと踏んばるんですね。犬の生活はどこをとってもかわいくて、どこをとってもちょっと不思議。「そこって寝ごこちいいの？」とか「今なんで立ち止まった？」とか、いろいろ想像もしますが、いっそ近くまで寄って確かめてみたかったりします。犬目線でというとちょっと大げさだけど、人よりだいぶ視線を下げて見てみたら、犬の気持ちも少しはわかるかもしれません。
もしですよ、ゲームでアバターを操るみたいに、何か小さいものに意識を転送できるなら、犬のそばで潜入取材してみたい。どんな姿になってどんなふうに潜むのがいいのかを、技術が開発されるその日のために、むふふっと考えていたりするのです。まず、犬の生活のじゃまになってはいけないです。気になるような音を立ててもいけません。それから、いちいち興味を持たれるようではダメです。ボールなんかになったら、たぶんくすぐったくてしょうがない。空気のようにそばにいることが許されて、身軽にどこへでも動きまわれ、犬にまとわりつきやすいものがいい。
これは今のところ（妄想であることをのぞけば）最善の方法だと思うのですが、犬の抜け毛になるというのはどうですか？　毛といっても、ただの毛ではありませんよ。ふわふわわっと漂っているだけのように見えますが、毛はそのいっぽんいっぽんが感覚器官。全身が神経というやつです。ですから、小さな物音には毛をそばだて、やばい場所にも毛を踏み入れ、時には猫の毛を借りたりもしちゃうのです。しかもこの毛は、先代犬の毛だったりして、今いる犬よりもずっと長くそこにいるという設定です。長い年月を経て、身を隠すすべを持ち人間の言葉を解するようになった、いわばお化け（お化毛）なのです。
毛になれれば、カーテンやソファーの隙間、おもちゃのほつれに潜むことができます。犬が歩いたら、家じゅうのどこでも追うことができます。ポソ毛のフリをして、首まわりとか足のももにくっついて、散歩について行くことだってできるんです。

雲がうまれるは、毛になりたい。

ポソ毛というのは、換毛期に抜けそうで抜けない毛、引っ張るとシュポっと抵抗なく抜けるやつのことです。

犬がうまれる　もくじ

ぼくが、ぼくに なった日。

なるほど、行くわけね。

シャー道場。

こっか いぬがよ。

いま でた とこ。

いっつも そばにいてくれるだけ。
それって なんか、おじいちゃんみたい。

マフラーまきかた

ながいものには まかれがち。

いってらっしゃーい。きゅ きゅ きゅ。

なにしてるの？ たいかんとれーにんぐ！

春の トッピング キャンペーン。

おてつき！

ふろやってのも オツだねぇ〜。

とおちゃんが アグラッシブで、
あたしが モフレッシブなの。
わっかるっかなー。

ひげ すりあうも たしょうの あれ。

みんな、シェーくらべは もうした？

きょうの お月さまは こんなだったよ。

ビスケットが とぷんだ。

音楽記号のねごこちを検証してみた、犬で

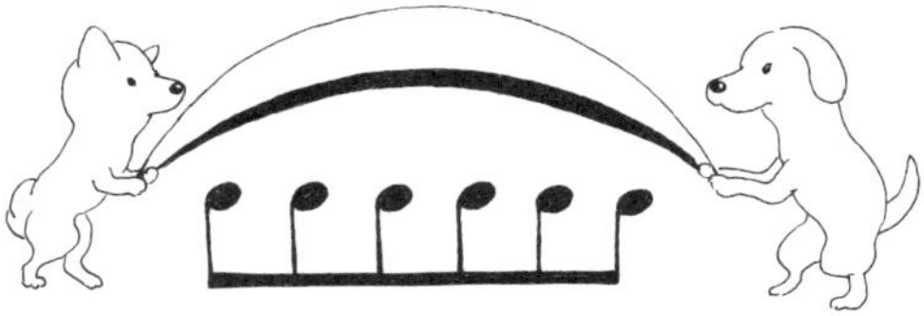

まずはベッドメーキング

スプリングが効いてる

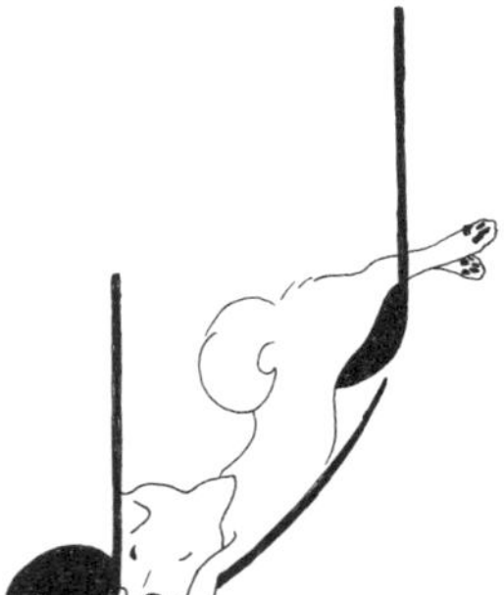

ずりおちね

ゆらゆらハンモック

おやすみベイビー

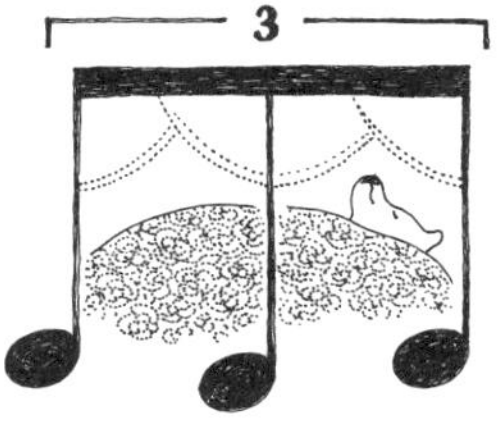

おひめさま気分

いいマットレス

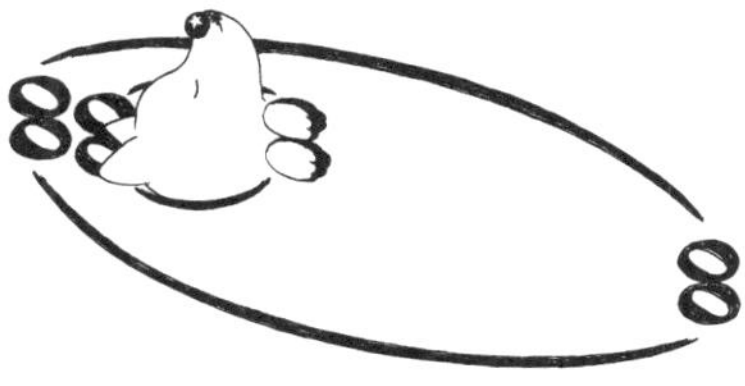

キャンプ

ペダルふみね

ふたつおりするよね

ウソみたいだろ ねてるんだぜ

あごのせね

あ、おきちゃった

Am は ねむいのだ

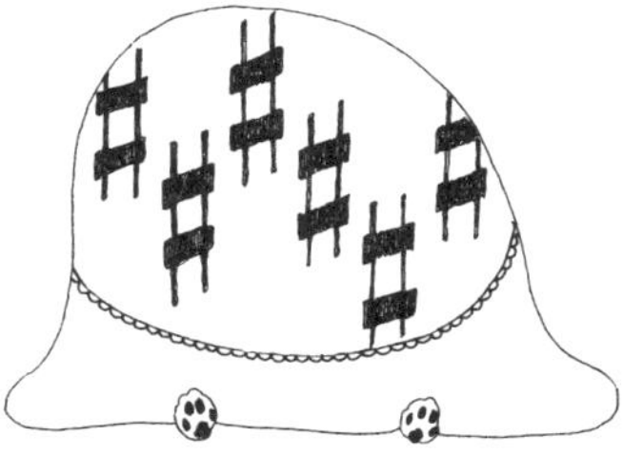

おふとん

てすりつりかわね

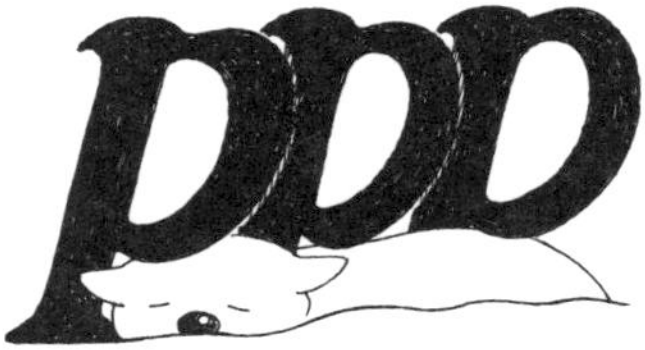

いい場所みつけた

うるさくて ねれやしない

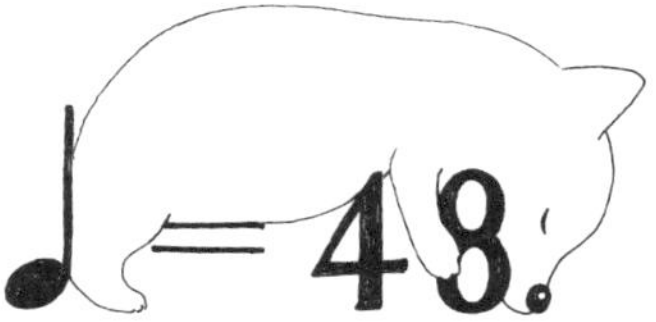

ゆったり ぐっすり

まだ ねる

カプセルホテル

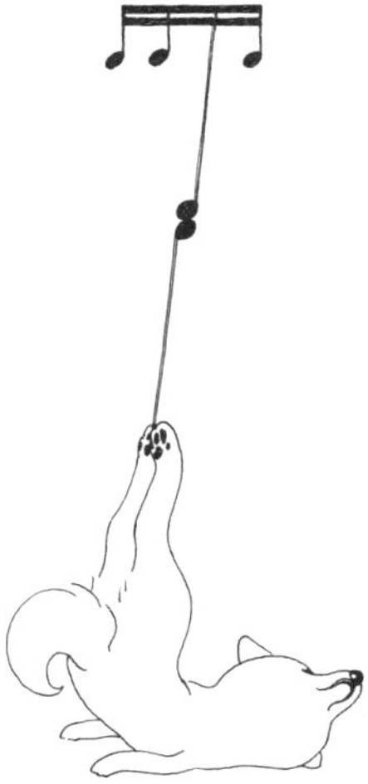

おうちゃくヒモですね

どんな体勢でもねれる

ドー　　ミー　　ソー　　ドー

ぼく
はじめての
はる

ぼく いま ワクテカらしい。

ラジオ体操第１～
にくきゅうを まえから うえにあげて
おはなを はさむうんど～

においだけが たより。

あしとてのパズル。

夏だね！

おばあちゃん おやさい おしてるの、
ぼく ひっぱってるの。

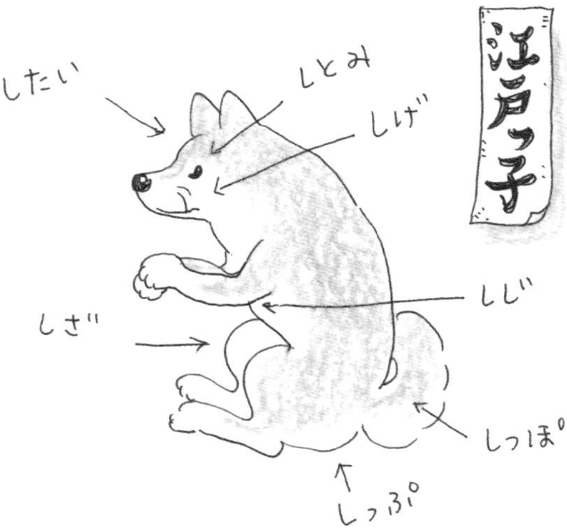

えどっこ。

じょうずに ばいばい できたよ。

むちゅご。

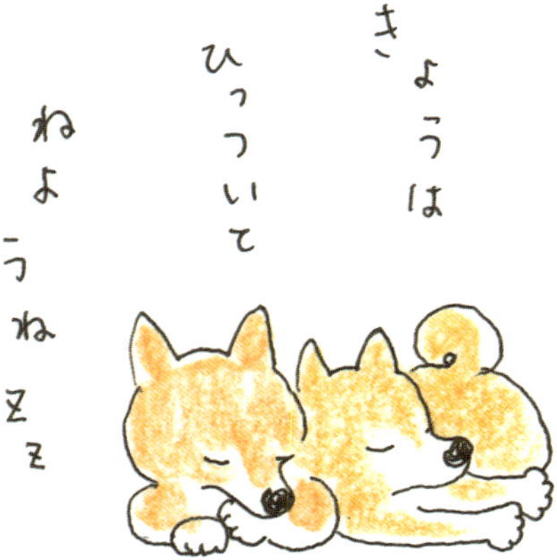
きょうは
ひっついて
ねようね zz

あしたの あさは ひえこむってさ。

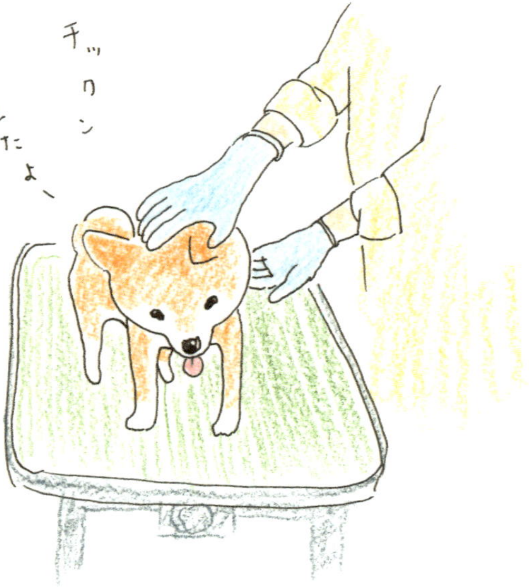

なでなで いってきた。

あ〜ん？　やんのか あ〜ん？

おててクロス。

むかしのひとの ちえ。ずずずずずずず……

イチニツイテ。

たいくつは さいこうの スパイス。

きみたち、ぜんぜん ワルそうじゃないよ。

おるすばんは、
おかえりーして くんくんして
ごほうびもらうまでが
おるすばん。

犬関連標識を考えてみた

犬関連標識は、
犬どうしの掟《おきて》や礼節を案内したり
犬の心得るべき事項を事前に伝え
みんなの安全を守る目的で作られました。
お散歩コースだけでなく、
犬関連施設やご家庭の居間や玄関にも
ぜひ取り入れましょう。

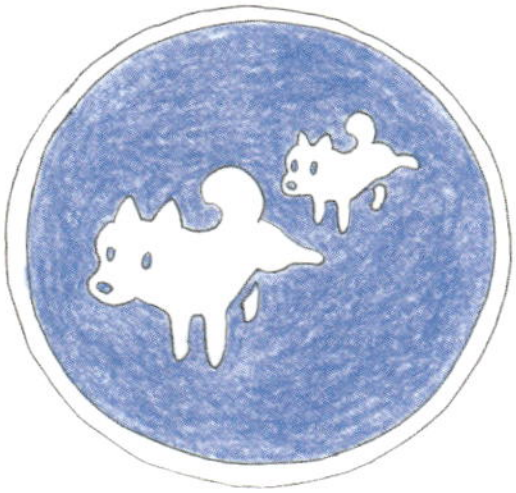

連れション

ぼく通れたよ

ぴたっ

春風のいたずら

めっちゃ滑る床

駐停犬禁止

犬ムーンウォーク

犬一方通行

右あげ禁止

着地きまった

おさんぽ並進可

近所犬合流

そーっ

3回転

ねじねじ

おとん、いってらー！

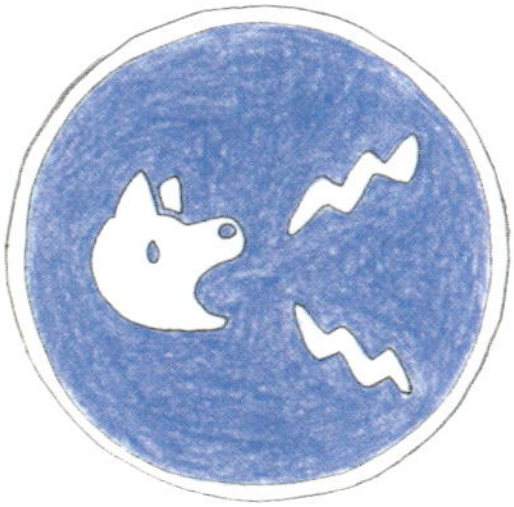

吠えて合図

マテ

おうちでは、「おかーしゃん」って呼んでる。

た・ら・い、ふぉーーー！

ドリフ？

うみだ！

もうふが しあわせを つれてくんのかな。
それとも、しあわせが
もうふ つれてくんのかな。

あん　どぅ　なぁ〜つ！（雰囲気）

おかしいなぁ、ねこが 見えるんだけど。

きょう、はよ かえってきてね。

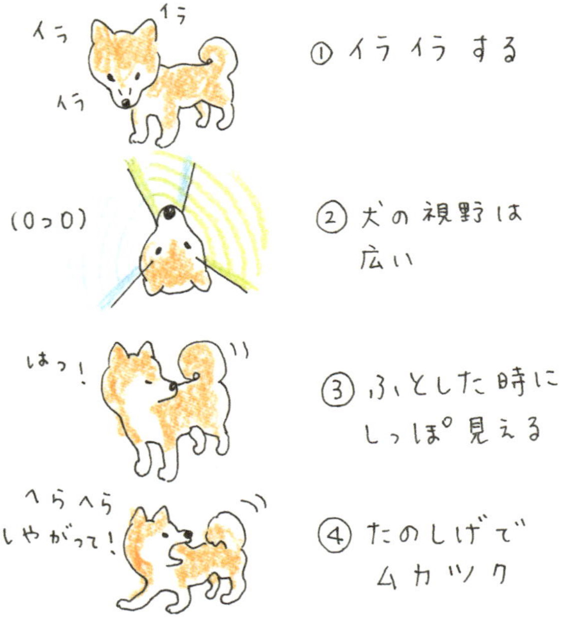

犬がストレスで自分のしっぽを追いまわすわけを
うんと考えたら、ひとつ思いあたることが あった。

つたえたいことが もう だいすきばっかり。

おだいかんさま ほどではー。

いまどうしてる？

ギーギーしじゅうそう。

パグ子、おでこ めいろみたいだね。
あ、なんか のってきた！

あまやどり。

くるしゅうない ちこうよれ。

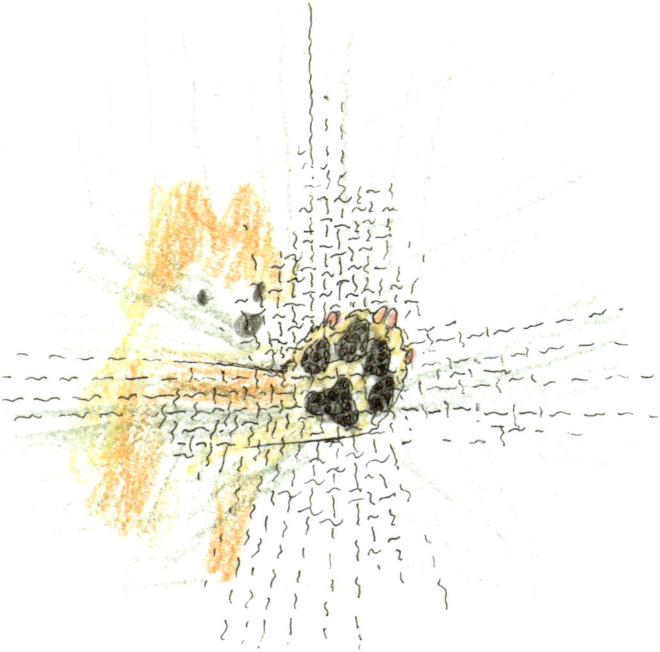

あみど ぎゅー。

けんけんわん（ケンケンパ）

ポーゥ。

きょうは ココな きぶん。

大は 小を かねるけど、犬は 小を かけるのよ。

らっせる しゅつどう。

犬が古墳をだいたいで作ってみた

先人に話を聞く

古墳の石室は「涼しい・静か・狭い」が特徴

ここでもう1500年は寝てる

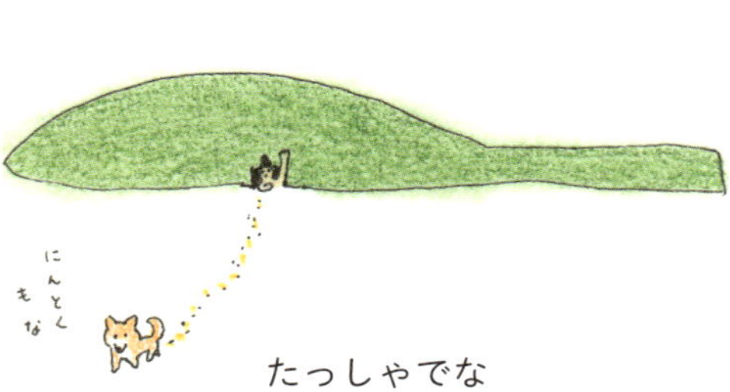

たっしゃでな

計画を立てる

犬にちょうどいい大きさを探る

図面を引く

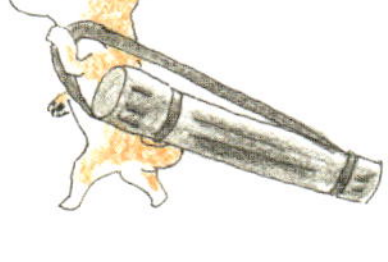

図面を引きずる

材料を注文する

ポチッとな

届く

穴を掘る

土砂を盛る

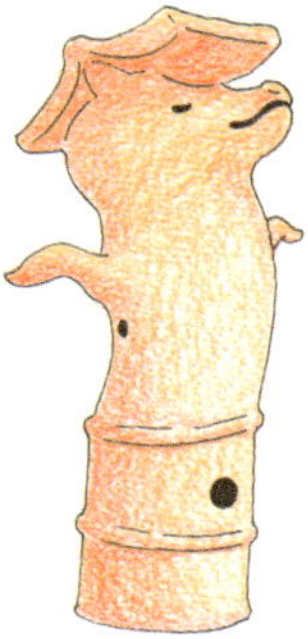

よみかけ

くわ

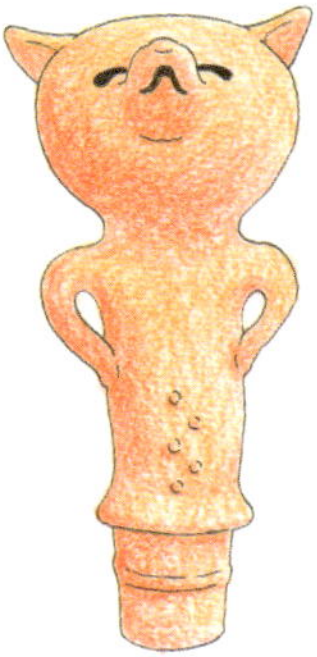

わきが あまい

ぱかん

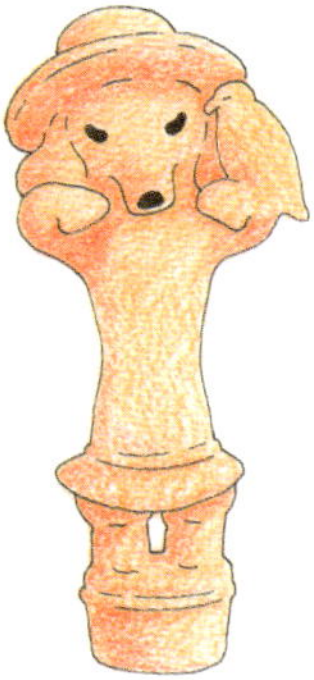

とりさん

かまぼこ

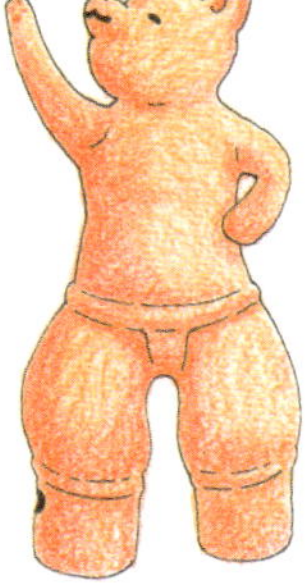

おすもう

種を蒔く

快適

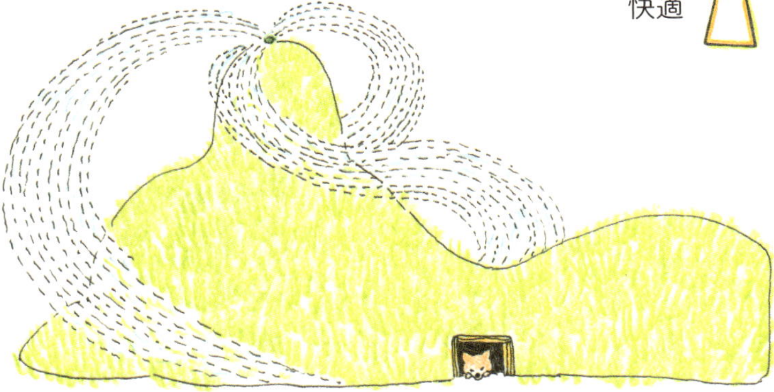

しんじること。

いってらー。

しうまいの、れんしゅうです。

バッと とんで サッと うま。

そこ、どんな いいの？

だっこ、おひとつ いかがですか？

わんかくすい。

おうちで ヒゲドル やってます♡！
ふんふんしちゃうっぞ！

ぼくのほうが さきに すきになったの、きづいてた？

でもやっぱり、
コップのフチには 柴犬がいてほしい。
いて〜ほ〜しぃ〜い〜。

これー、もろたのー！

かりあげ スースーする。

おてが ざつ。

ぼくの にくきゅう 見る〜？

あんよが さんじを おしらせします。

いぬ、ぐーに だまされる こと なかれ。

きみのにゃは。

あけるとき ぽんっ ていう いれもの。

おふかいを こっそり見るとか。

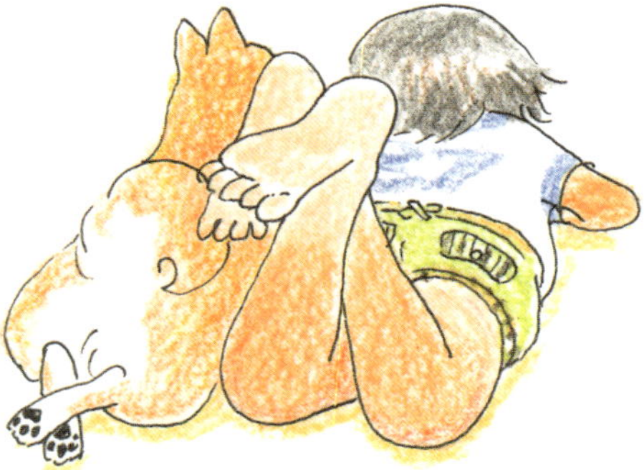

あたしたち、もともと なかいいの。

きょう ぼくの おねえちゃん、
やっと ふゆげに なりました。

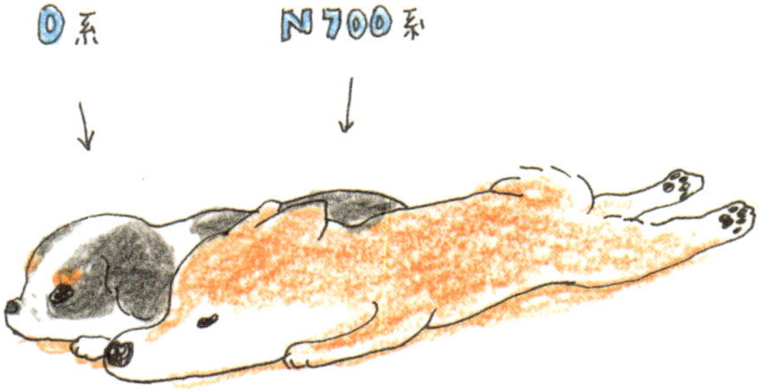

あのね、しんかんせん。

お茶どーうぞ。

ヤギミルク道 しばしゃわら流。

夜空の星座をぜんぶ犬にしてみた

KOKAGE
SHIBA NO HAKUCHO
HESOTEN
OIMO
GABU GABU
MIZUASOBI
GI-ZA
OIMO
MIZUASOBI
YAGIZA

NAKAYOSHI
INU
YAKYU
NAGAGUTSU
NAGETE NAGETE
BALL TOTTEKOI
TOTTEKOI
ZUBO
BALL
ZUBO

STOVE
KONGARI
ガラ
ガラ
ガラ
ガラ
ASHIATO
UGAI
AGE・PAN
UGAI
STOVE
AGEPAN

おてて ないないの。

ばーしーの、しーすー。

おさんぽ、おともだちに あえた？

ぼく、うれしいんだよ。

「きょうね おかあさんの おたんじょうびなんだよ」
「じゃ ぼく ぬけげ あげようかな」

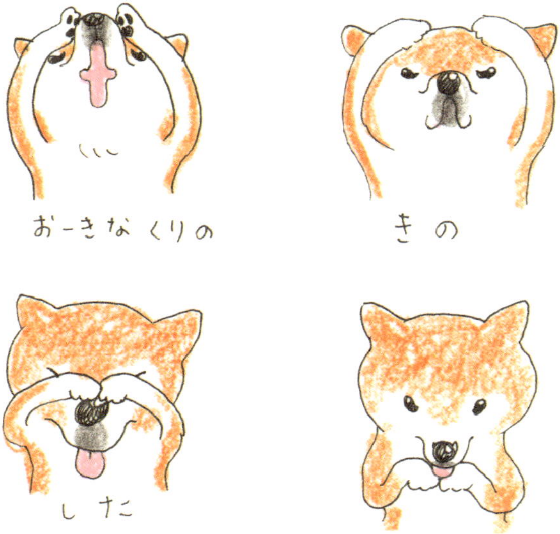
おーきな くりの
きの
した

おーっきなくりのー きの したでー。

きょうの お月さまは こんなだったよ。
ずっと まってたんだけどな。

ねちゃった。

ひとというじはなぁ。

オムツやねーん！

もうふ　もうはぁ　もうへすと。

あまえんぼだけど ぼく、もとは ステネコ。

「しおりって10回言ってみて」

「しおりしおりしおりしおりしりおしりおしり……」

「本をはさむのは？」

くんくんして、でへへ。

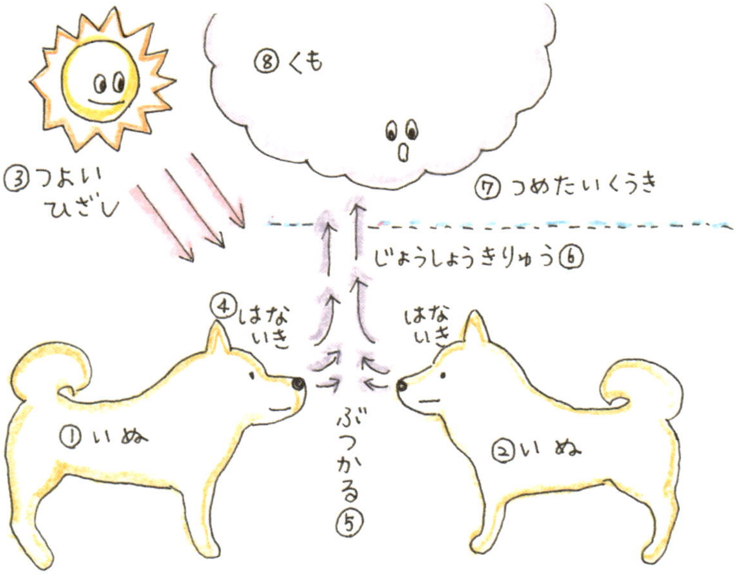

犬がであい はないきから 雲がうまれる。メカニズム。

「おしっぽまで 見えてますね」
「へはへはも よく そろってます」

まねっこ。

うんめいの であい。

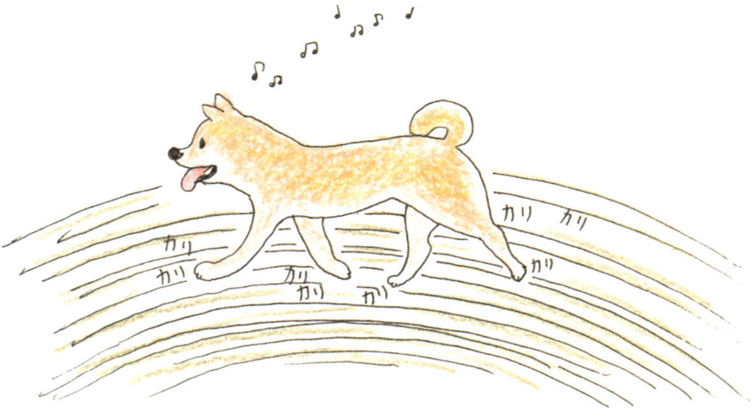

レコードの音が出るしくみを、だいたいで描いてみた。

おそとに おはな、くっつけとる。

わたしたち ふつうの柴犬に もどります。

おしまいに

ここ数年わたしの見ているあたりでは、老犬ブームとでもいうべきステキなムーブメントが起きています。ペットブームはいただけませんが、老犬ブームはいいもんですね。ツイッターでは老犬が主役のハッシュタグもあって、ぺしゃんとなって眠る姿や、よちよち歩く散歩の様子などがいっぱい見られて、それはそれは癒されます。そこには、犬のかわいさと飼い主さんのやさしさが溢れているんです。

老犬に限らずですが、どの飼い主さんも「今がいちばんかわいい」と思われているようです。犬は、ずっとずっとかわいいですね。降り積もるようにかわいい。

さて、「はじめに」のつづきです。

ある日、たとえば年末の大掃除の日、毛はうっかり母ちゃんに見つかってしまいます。指でつまみ上げられて、あぁもうダメだと思ったときです、母ちゃんはふと泣き笑いみたいな情けない顔になって言います。「ああぁこれ、シロさんの毛だ」

そう聞いて、毛はひゅっと消えてなくなるのです。

Profile

雲がうまれる

柴犬を中心に、犬の（ときに猫も一緒に）イラストとコピーをツイッターで投稿し続ける。犬好きのツボをつく、かわいさとせつなさが同居した作品が人気。2014年秋、かみさまと犬がやりとりしている作品を糸井重里氏がリツイートしてフォロワーが激増。その後〈ほぼ日刊イトイ新聞〉の、保護犬応援グッズのイラストに採用され、ライブドローイングのイベントも行う。あるある的な表情やしぐさとユーモラスなことばに、ほっこりしたり、うるっときたり。日々生み出す「はなちろ」「おばあわん」「もふれし」「柴充」「草テロ」「柴検」など、いやし系の造語も好評。著書に『犬しぐさ 犬ことば』（小社刊）がある。

ツイッター「雲がうまれる」 @KatteniCampaign

STAFF
絵・文……雲がうまれる
プロデュース・編集……石黒謙吾
デザイン……川名潤
制作……ブルー・オレンジ・スタジアム

犬がうまれる

2018年10月5日 初版発行

著 者 雲がうまれる
発行者 佐藤俊彦
発行所 株式会社ワニ・プラス
〒150-8482 東京都渋谷区恵比寿4-4-9 えびす大黒ビル7F
電話 03-5449-2171（編集）
発売元 株式会社ワニブックス
〒150-8482 東京都渋谷区恵比寿4-4-9 えびす大黒ビル
電話 03-5449-2711（代表）
印刷・製本所 中央精版印刷株式会社

 ISBN978-4-8470-9690-7